120 Puzzles & Answers

Su Doku

一	二	三
四	五	六
七	八	九

Easy & fun to learn!

in Japanese Numerals

ISBN 0-7414-3396-6

Published by:

INFINITY
PUBLISHING.COM

1094 New Dehaven Street, Suite 100
West Conshohocken, PA 19428-2713
Info@buybooksontheweb.com
www.buybooksontheweb.com
Toll-free (877) BUY BOOK
Local Phone (610) 941-9999
Fax (610) 941-9959

Printed in the United States of America

Printed on Recycled Paper

Published July 2006

Table of Contents

I would like to dedicate
this book to my dear
friend little Choo Choo.

Japanese Numeral Practice

1	一											
2	二											
3	三											
4	四											
5	五											
6	六											
7	七											
8	八											
9	九											

Japanese Numeral Practice

1	一											
2	二											
3	三											
4	四											
5	五											
6	六											
7	七											
8	八											
9	九											

Japanese Numeral Practice

1	一											
2	二											
3	三											
4	四											
5	五											
6	六											
7	七											
8	八											
9	九											

The Su Doku Diagram

Each Su Doku puzzle consists of 9 "big boxes"

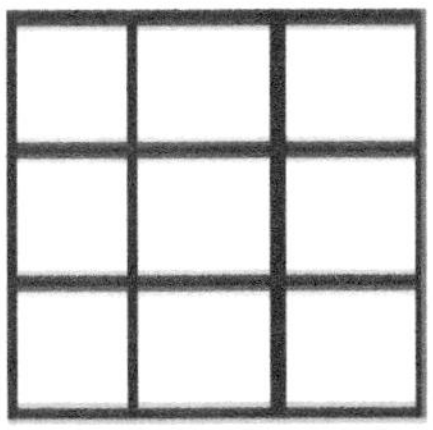

Each big box consists of 9 "3x3" "little squares"

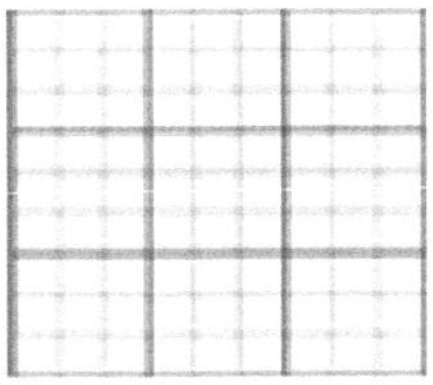

Rows go "across" (horizontal).

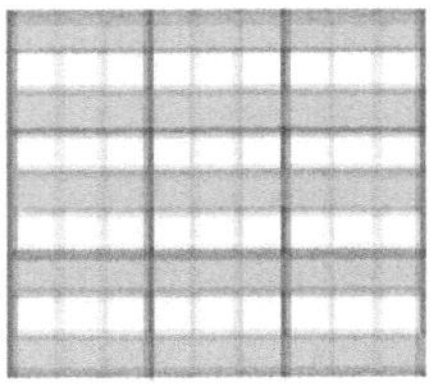

Columns go "up & down" (vertical).

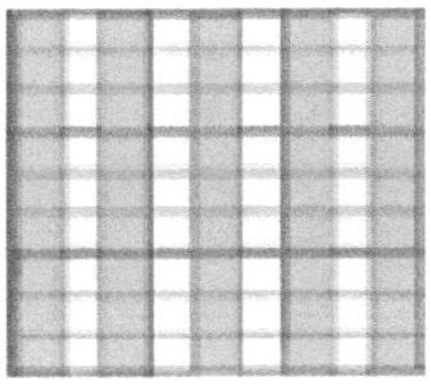

Rules of the Puzzle

Each row contains the #'s 1 (一) to 9 (九) in any order.

Each column contains the #'s 1 (一) to 9 (九) in any order.

Each of the "big boxes" has the #'s 1 (一) to 9 (九) in each of its squares.

Puzzle Tips

The shaded square cannot hold a 二 or 五 because they are in its column

It also cannot hold a 四, 一, or 六 because they are in its row.

It also cannot hold a 三, 八, or 七 because they are in its big 3x3 box.

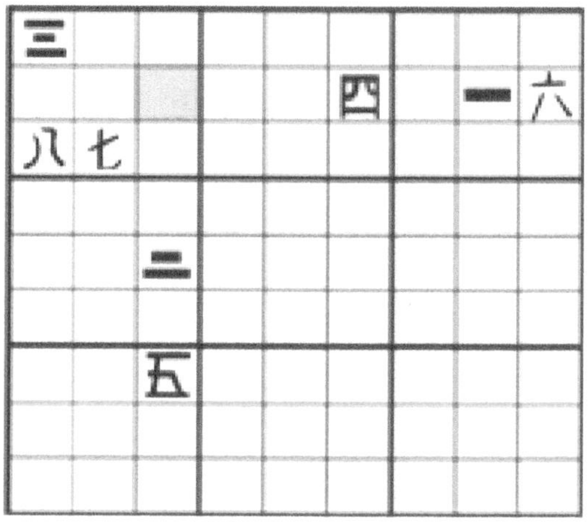

Therefore, the only numeral left that it can hold is a 九.

Hint: If you have more than 1 possibility for a box, you should "pencil" it in.

2 of the squares may hold 六 & 三.
1 other square may hold a 六, 三, or 五.

Therefore, 五 is the answer, because either the 六 or the 三 have to fill one of the 2 squares that hold them alone.

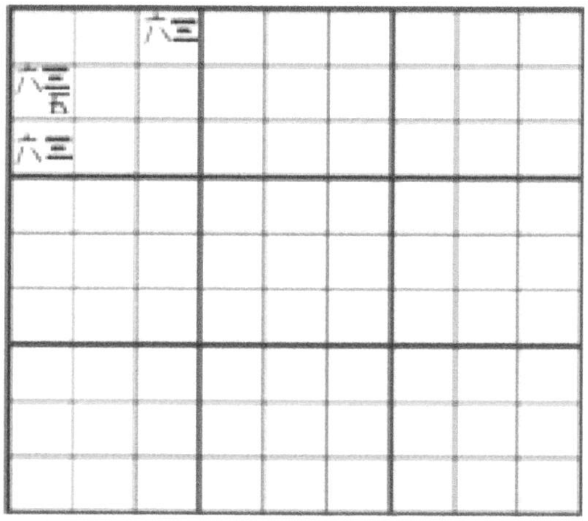

A 五 has to be here.

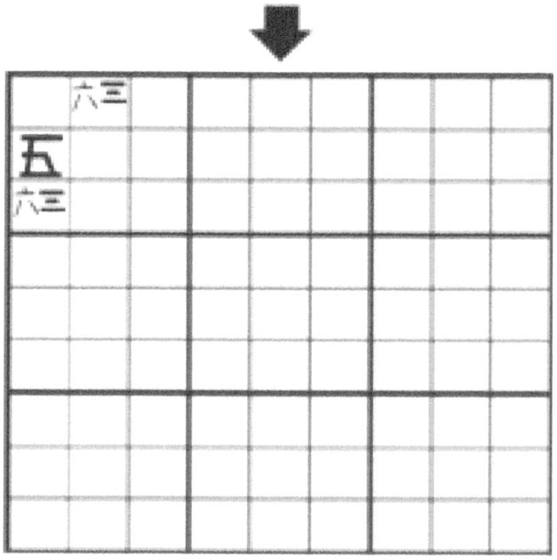

Puzzle Tips (continued)

By quickly checking "across" the rows & "down" the columns, you can find many answers.

Answer

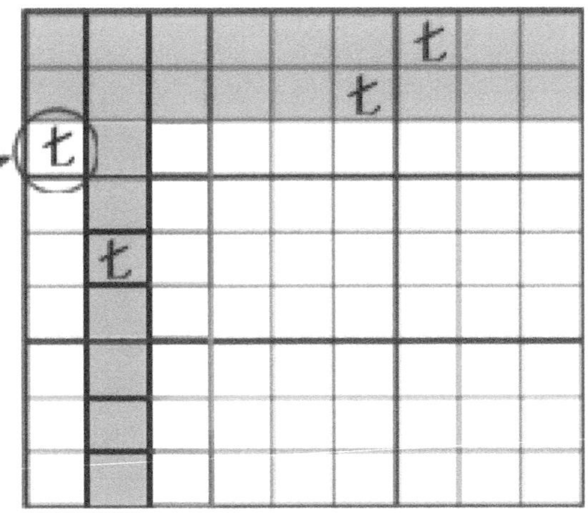

Again, by "writing in" the possibilities, you often will get answers for other numbers.

六 or 八 have to go here,

because of these in this column.

Therefore, the answer is 二 .

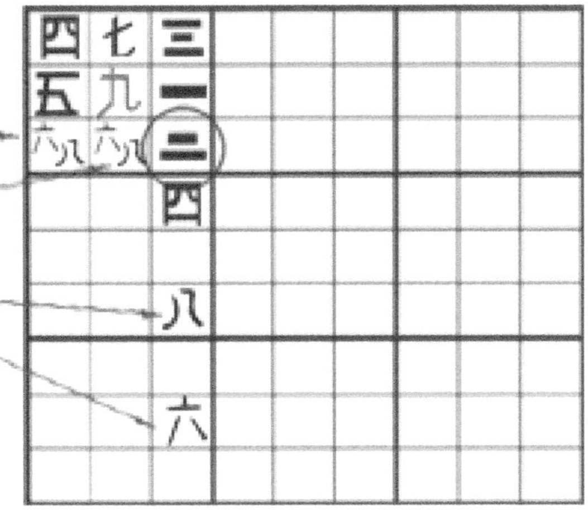

1=一 2=二 3=三 4=四 5=五 6=六 7=七 8=八 9=九

Easy

	六			七	三		八	
三		四	八			六		
			四	九		二	五	
八	一		六	四				五
七								六
九				五	八		二	四
	九	一		六	四			
		三			二	一		七
	八		五	三			四	

1=一 2=二 3=三 4=四 5=五 6=六 7=七 8=八 9=九

Solution

五	六	九	二	七	三	四	八	一
三	二	四	八	一	五	六	七	九
一	七	八	四	九	六	二	五	三
八	一	二	六	四	七	三	九	五
七	四	五	三	二	九	八	一	六
九	三	六	一	五	八	七	二	四
二	九	一	七	六	四	五	三	八
四	五	三	九	八	二	一	六	七
六	八	七	五	三	一	九	四	二

1=一 2=二 3=三 4=四 5=五 6=六 7=七 8=八 9=九

Easy

一	八				九			七
	九	五	三				一	二
		六	二			四	五	
五			一		三	二	六	
				五				
	一	七	四		六			三
	三	八			四	九		
九	五				二	七	四	
二			七				八	一

1=一 2=二 3=三 4=四 5=五 6=六 7=七 8=八 9=九

Solution

一	八	二	五	四	九	六	三	七
四	九	五	三	六	七	八	一	二
三	七	六	二	八	一	四	五	九
五	四	九	一	七	三	二	六	八
六	二	三	九	五	八	一	七	四
八	一	七	四	二	六	五	九	三
七	三	八	六	一	四	九	二	五
九	五	一	八	三	二	七	四	六
二	六	四	七	九	五	三	八	一

1=一 2=二 3=三 4=四 5=五 6=六 7=七 8=八 9=九

Easy

				三				
	七		五	六	八		九	
三								七
	一	三			四	二	五	
八	五				九		七	四
	六	七	三			一	八	
六								二
	二		七	九	六		三	
				五		九		

1=一 2=二 3=三 4=四 5=五 6=六 7=七 8=八 9=九

Solution

五	四	九	二	三	七	六	一	八
二	七	一	五	六	八	四	九	三
三	八	六	九	四	一	五	二	七
九	一	三	八	七	四	二	五	六
八	五	二	六	一	九	三	七	四
四	六	七	三	二	五	一	八	九
六	九	五	一	八	三	七	四	二
一	二	四	七	九	六	八	三	五
七	三	八	四	五	二	九	六	一

1=一 2=二 3=三 4=四 5=五 6=六 7=七 8=八 9=九

Easy

八		三		九	四	六		
			二	一			九	
一			六			七		二
	三				八		一	七
		五	三		二	四		
七	九		四				六	
四		二			六			八
	八			四	九			
		一	八	二		三		五

1=一 2=二 3=三 4=四 5=五 6=六 7=七 8=八 9=九

Solution

八	二	三	七	九	四	六	五	一
五	七	六	二	一	三	八	九	四
一	四	九	六	八	五	七	三	二
二	三	四	九	六	八	五	一	七
六	一	五	三	七	二	四	八	九
七	九	八	四	五	一	二	六	三
四	五	二	一	三	六	九	七	八
三	八	七	五	四	九	一	二	六
九	六	一	八	二	七	三	四	五

1=一 2=二 3=三 4=四 5=五 6=六 7=七 8=八 9=九

Easy

	二			一		七	六	
四	六		九				八	三
五				八	七			
		一	八		四		二	
八		九				五		一
	七		五		一	三		
			三	四				七
七	三				八		五	九
	九	六		二			三	

1=一 2=二 3=三 4=四 5=五 6=六 7=七 8=八 9=九

Solution

九	二	八	四	一	三	七	六	五
四	六	七	九	五	二	一	八	三
五	一	三	六	八	七	四	九	二
三	五	一	八	七	四	九	二	六
八	四	九	二	三	六	五	七	一
六	七	二	五	九	一	三	四	八
二	八	五	三	四	九	六	一	七
七	三	四	一	六	八	二	五	九
一	九	六	七	二	五	八	三	四

1=一 2=二 3=三 4=四 5=五 6=六 7=七 8=八 9=九

Easy

五	八		二	四		七		
三	一						二	六
九				三	八	一		
	四		五					九
	二		一		三		五	
八					六		七	
		八	九	六				七
四	六						三	二
		七		二	五		八	四

1=一 2=二 3=三 4=四 5=五 6=六 7=七 8=八 9=九

Solution

五	八	六	二	四	一	七	九	三
三	一	四	七	五	九	八	二	六
九	七	二	六	三	八	一	四	五
七	四	一	五	八	二	三	六	九
六	二	九	一	七	三	四	五	八
八	五	三	四	九	六	二	七	一
二	三	八	九	六	四	五	一	七
四	六	五	八	一	七	九	三	二
一	九	七	三	二	五	六	八	四

1=一 2=二 3=三 4=四 5=五 6=六 7=七 8=八 9=九

Easy

二				九				八
			八	四	二			
八	六						七	四
		二	七		五	四		
	八						一	
		七	三		四	五		
一	四				九		六	七
			一	六	八			
五						八		一

1=一 2=二 3=三 4=四 5=五 6=六 7=七 8=八 9=九

Solution

二	五	四	六	九	七	一	三	八
三	七	一	八	四	二	六	五	九
八	六	九	五	三	一	二	七	四
九	三	二	七	一	五	四	八	六
四	八	五	九	二	六	七	一	三
六	一	七	三	八	四	五	九	二
一	四	八	二	五	九	三	六	七
七	二	三	一	六	八	九	四	五
五	九	六	四	七	三	八	二	一

1=一 2=二 3=三 4=四 5=五 6=六 7=七 8=八 9=九

Easy

六					二	八	一	四
三			九					
七			八		五	六		
一		三	四		九	七		
	七						八	
		五	六		八	三		一
		七	五		四			二
					六			九
九		四	一					八

1=一 2=二 3=三 4=四 5=五 6=六 7=七 8=八 9=九

Solution

六	五	九	七	三	二	八	一	四
三	四	八	九	六	一	二	五	七
七	一	二	八	四	五	六	九	三
一	八	三	四	五	九	七	二	六
四	七	六	二	一	三	九	八	五
二	九	五	六	七	八	三	四	一
八	六	七	五	九	四	一	三	二
五	二	一	三	八	六	四	七	九
九	三	四	一	二	七	五	六	八

1=一 2=二 3=三 4=四 5=五 6=六 7=七 8=八 9=九

Easy

	一			五	七			
		二		一	八			九
		九	三			五	四	
二	九		七		六	八		
六	三						七	四
			二		一		五	六
	五	六			四	一		
九			一	七		三		
			六	九			二	

1=一 2=二 3=三 4=四 5=五 6=六 7=七 8=八 9=九

Solution

四	一	三	九	五	七	六	八	二
五	六	二	四	一	八	七	三	九
八	七	九	三	六	二	五	四	一
二	九	五	七	四	六	八	一	三
六	三	一	五	八	九	二	七	四
七	四	八	二	三	一	九	五	六
三	五	六	八	二	四	一	九	七
九	二	四	一	七	五	三	六	八
一	八	七	六	九	三	四	二	五

1=一 2=二 3=三 4=四 5=五 6=六 7=七 8=八 9=九

Easy

二	六	五	八		九			一
	四				六	三	九	
				七				六
	二	四	九			五		
	九	七				六	二	
		一			七	四	三	
五				一				
	一	六	三				七	
九			二			一	八	四

1=一 2=二 3=三 4=四 5=五 6=六 7=七 8=八 9=九

Solution

二	六	五	八	三	九	七	四	一
七	四	八	一	五	六	三	九	二
一	三	九	四	七	二	八	五	六
六	二	四	九	八	三	五	一	七
三	九	七	五	四	一	六	二	八
八	五	一	六	二	七	四	三	九
五	八	二	七	一	四	九	六	三
四	一	六	三	九	八	二	七	五
九	七	三	二	六	五	一	八	四

1=一 2=二 3=三 4=四 5=五 6=六 7=七 8=八 9=九

Easy

二				四	一		九	
	七						四	
		一	五			三	八	
					九	六	二	八
				七				
五	四	八	二					
	二	四	七		三			九
	五						七	
	三		八	九		二		四

1=一 2=二 3=三 4=四 5=五 6=六 7=七 8=八 9=九

Solution

二	八	五	三	四	一	七	九	六
三	七	六	九	八	二	五	四	一
四	九	一	五	六	七	三	八	二
七	一	三	四	五	九	六	二	八
九	六	二	一	七	八	四	三	五
五	四	八	二	三	六	九	一	七
六	二	四	七	一	三	八	五	九
八	五	九	六	二	四	一	七	三
一	三	七	八	九	五	二	六	四

1=一 2=二 3=三 4=四 5=五 6=六 7=七 8=八 9=九

Easy

	九		八		一	六		
	一		五				八	七
五		三			二	一		
三		八		六			四	一
			四		五			
七	四			三		九		六
		一	七			四		二
九	七				六		三	
		二	三		四		一	

1=一 2=二 3=三 4=四 5=五 6=六 7=七 8=八 9=九

Solution

二	九	七	八	四	一	六	五	三
四	一	六	五	九	三	二	八	七
五	八	三	六	七	二	一	九	四
三	二	八	九	六	七	五	四	一
一	六	九	四	二	五	三	七	八
七	四	五	一	三	八	九	二	六
八	三	一	七	五	九	四	六	二
九	七	四	二	一	六	八	三	五
六	五	二	三	八	四	七	一	九

1=一 2=二 3=三 4=四 5=五 6=六 7=七 8=八 9=九

Easy

					六		五	七
七	三			四	九	八		
二					八		四	
三			一	九		六		
		五				一	三	
	一					七	二	五
一		二			四			三
五		九			七		六	
			六	五		二		

1=一 2=二 3=三 4=四 5=五 6=六 7=七 8=八 9=九

Solution

八	九	四	二	一	六	三	五	七
七	三	六	五	四	九	八	一	二
二	五	一	七	三	八	九	四	六
三	二	七	一	九	五	六	八	四
六	四	五	八	七	二	一	三	九
九	一	八	四	六	三	七	二	五
一	六	二	九	八	四	五	七	三
五	八	九	三	二	七	四	六	一
四	七	三	六	五	一	二	九	八

1=一 2=二 3=三 4=四 5=五 6=六 7=七 8=八 9=九

Easy

	二	七	五					
九				一		二	八	六
四				六	九	三		
	七		四		六			一
一	八						七	三
二			八		一		九	
		六	一	五				八
三	九	二		四				五
					七	四	六	

1=一 2=二 3=三 4=四 5=五 6=六 7=七 8=八 9=九

Solution

六	二	七	五	八	三	一	四	九
九	三	五	七	一	四	二	八	六
四	一	八	二	六	九	三	五	七
五	七	九	四	三	六	八	二	一
一	八	四	九	二	五	六	七	三
二	六	三	八	七	一	五	九	四
七	四	六	一	五	二	九	三	八
三	九	二	六	四	八	七	一	五
八	五	一	三	九	七	四	六	二

1=一 2=二 3=三 4=四 5=五 6=六 7=七 8=八 9=九

Easy

六	二				八		七	
		五	四			二		八
三					九		一	
七					二			一
		一	八		七	五		
二			三					四
	四		七					九
八		六			一	三		
	三		六		四		八	七

1=一 2=二 3=三 4=四 5=五 6=六 7=七 8=八 9=九

Solution

六	二	四	一	三	八	九	七	五
九	一	五	四	七	六	二	三	八
三	八	七	二	五	九	四	一	六
七	五	三	九	四	二	八	六	一
四	九	一	八	六	七	五	二	三
二	六	八	三	一	五	七	九	四
一	四	二	七	八	三	六	五	九
八	七	六	五	九	一	三	四	二
五	三	九	六	二	四	一	八	七

1=一 2=二 3=三 4=四 5=五 6=六 7=七 8=八 9=九

Easy

		六	一				三	
	一		二	五		九		八
四					七		二	
八	三				九			七
九	六		七			二		
	五	二				八	六	
		三		六	四	一		
六			五		一			四
一	四	九		三		五		

1=一 2=二 3=三 4=四 5=五 6=六 7=七 8=八 9=九

Solution

二	九	六	一	四	八	七	三	五
三	一	七	二	五	六	九	四	八
四	八	五	三	九	七	六	二	一
八	三	一	六	二	九	四	五	七
九	六	四	七	八	五	二	一	三
七	五	二	四	一	三	八	六	九
五	七	三	九	六	四	一	八	二
六	二	八	五	七	一	三	九	四
一	四	九	八	三	二	五	七	六

1=一 2=二 3=三 4=四 5=五 6=六 7=七 8=八 9=九

Easy

		五	八					九
		六			九		一	二
	三			二	五	四	八	
	八	二					六	四
			三		一			
九	五					八	七	
	二		四	一			五	
五	七		二			六		
一					六	三		

1=一 2=二 3=三 4=四 5=五 6=六 7=七 8=八 9=九

Solution

二	一	五	八	六	四	七	三	九
八	四	六	七	三	九	五	一	二
七	三	九	一	二	五	四	八	六
三	八	二	九	五	七	一	六	四
四	六	七	三	八	一	二	九	五
九	五	一	六	四	二	八	七	三
六	二	八	四	一	三	九	五	三
五	七	三	二	九	八	六	四	一
一	九	四	五	七	六	三	二	八

1=一 2=二 3=三 4=四 5=五 6=六 7=七 8=八 9=九

Easy

八		三	九			五	六	
	九	四		二				一
一					七	四		二
四			二		八			六
	七					一		
		八	四	五	一		二	
三	五	六	七					八
九				三			四	
				六	五		七	三

1=一 2=二 3=三 4=四 5=五 6=六 7=七 8=八 9=九

Solution

八	二	三	九	一	四	五	六	七
七	九	四	五	二	六	八	三	一
一	六	五	三	八	七	四	九	二
四	一	九	二	七	八	三	五	六
五	七	二	六	九	三	一	八	四
六	三	八	四	五	一	七	二	九
三	五	六	七	四	九	二	一	八
九	八	七	一	三	二	六	四	五
二	四	一	八	六	五	九	七	三

1=一 2=二 3=三 4=四 5=五 6=六 7=七 8=八 9=九

Easy

		七						六
	三		六	九	四	五	二	
九						一		四
	四				八			一
	八		三	五	六		四	
五			二				六	
六		三					七	二
	九	四	七	一	三		八	
						九		

1=一 2=二 3=三 4=四 5=五 6=六 7=七 8=八 9=九

Solution

四	二	七	一	三	五	八	九	六
八	三	一	六	九	四	五	二	七
九	六	五	八	二	七	一	三	四
三	四	六	九	七	八	二	五	一
一	八	二	三	五	六	七	四	九
五	七	九	二	四	一	三	六	八
六	一	三	五	八	九	四	七	二
二	九	四	七	一	三	六	八	五
七	五	八	四	六	二	九	一	三

1=一 2=二 3=三 4=四 5=五 6=六 7=七 8=八 9=九

Easy

	四		五		三		九	二
			六	七			一	
		五			四	八	六	
八			三				四	一
三		二				五		八
四	九				七			六
	七	六	四			一		
	八			二	九			
一	三		七		六		五	

1=一 2=二 3=三 4=四 5=五 6=六 7=七 8=八 9=九

Solution

六	四	八	五	一	三	七	九	二
九	二	三	六	七	八	四	一	五
七	一	五	二	九	四	八	六	三
八	五	七	三	六	二	九	四	一
三	六	二	九	四	一	五	七	八
四	九	一	八	五	七	三	二	六
二	七	六	四	三	五	一	八	九
五	八	四	一	二	九	六	三	七
一	三	九	七	八	六	二	五	四

1=一 2=二 3=三 4=四 5=五 6=六 7=七 8=八 9=九

Easy

	七		二		五	九		
一							六	七
三			九			八	四	
		二			六		五	
九			五		七	六		八
	五		八	二		一		
		四			二			六
二	三							一
		六	七		四		三	

1=一 2=二 3=三 4=四 5=五 6=六 7=七 8=八 9=九

Solution

四	七	八	二	六	五	九	一	三
一	二	九	四	八	三	五	六	七
三	六	五	九	七	一	八	四	二
七	八	二	一	四	六	三	五	九
九	四	一	五	三	七	六	二	八
六	五	三	八	二	九	一	七	四
五	九	四	三	一	二	七	八	六
二	三	七	六	五	八	四	九	一
八	一	六	七	九	四	二	三	五

1=一 2=二 3=三 4=四 5=五 6=六 7=七 8=八 9=九

Easy

	六	二		七		九		一
七			三	八	六			
	四	五	九				八	
四		九	一					三
五								九
一					七	二		八
	八				二	一	四	
			八	一	九			七
六		三		四		八	九	

1=一 2=二 3=三 4=四 5=五 6=六 7=七 8=八 9=九

Solution

八	六	二	五	七	四	九	三	一
七	九	一	三	八	六	五	二	四
三	四	五	九	二	一	七	八	六
四	二	九	一	五	八	六	七	三
五	七	八	二	六	三	四	一	九
一	三	六	四	九	七	二	五	八
九	八	七	六	三	二	一	四	五
二	五	四	八	一	九	三	六	七
六	一	三	七	四	五	八	九	二

1=一 2=二 3=三 4=四 5=五 6=六 7=七 8=八 9=九

Easy

			九		七	一		
一	七			六			四	五
		六				三		
五	四		一				八	七
				七				
八	一				四		五	三
四		三				八	二	
六	八			三			一	四
			八		六			

1=一 2=二 3=三 4=四 5=五 6=六 7=七 8=八 9=九

Solution

二	三	四	九	五	七	一	六	八
一	七	八	三	六	二	九	四	五
九	五	六	四	八	一	三	七	二
五	四	九	一	二	三	六	八	七
三	六	二	五	七	八	四	九	一
八	一	七	六	九	四	二	五	三
四	九	三	七	一	五	八	二	六
六	八	五	二	三	九	七	一	四
七	二	一	八	四	六	五	三	九

1=一 2=二 3=三 4=四 5=五 6=六 7=七 8=八 9=九

Easy

	七	一	九					
	八	二		四			五	一
				七	二		九	三
		四		六				七
	九	五	八		四	六	一	
六				一		九		
二	六		四	九				
五	四			八		三	二	
						四	八	

1=一 2=二 3=三 4=四 5=五 6=六 7=七 8=八 9=九

Solution

三	七	一	九	五	八	二	六	四
九	八	二	三	四	六	七	五	一
四	五	六	一	七	二	八	九	三
八	一	四	二	六	九	五	三	七
七	九	五	八	三	四	六	一	二
六	二	三	七	一	五	九	四	八
二	六	八	四	九	三	一	七	五
五	四	七	六	八	一	三	二	九
一	三	九	五	二	七	四	八	六

1=一 2=二 3=三 4=四 5=五 6=六 7=七 8=八 9=九

Easy

	五	八		九		二		
		一		五				六
三	七		二		一		四	
八	四		九				三	
		二				九		
	六				四		五	八
	三		七		五		二	九
五				四		六		
		四		一		五	七	

1=一 2=二 3=三 4=四 5=五 6=六 7=七 8=八 9=九

Solution

六	五	八	四	九	三	二	一	七
四	二	一	八	五	七	三	九	六
三	七	九	二	六	一	八	四	五
八	四	五	九	七	六	一	三	二
七	一	二	五	三	八	九	六	四
九	六	三	一	二	四	七	五	八
一	三	六	七	八	五	四	二	九
五	九	七	三	四	二	六	八	一
二	八	四	六	一	九	五	七	三

1=一 2=二 3=三 4=四 5=五 6=六 7=七 8=八 9=九

Easy

五	三				六	四		八
九		八	一			七		五
					七	二	九	
七		六	四		二		三	
	一		八		九	六		四
	八	四	三					
三		二			一	五		七
六		五	九				四	一

1=一 2=二 3=三 4=四 5=五 6=六 7=七 8=八 9=九

Solution

五	三	七	二	九	六	四	一	八
九	二	八	一	三	四	七	六	五
四	六	一	五	八	七	二	九	三
七	五	六	四	一	二	八	三	九
八	四	九	七	六	三	一	五	二
二	一	三	八	五	九	六	七	四
一	八	四	三	七	五	九	二	六
三	九	二	六	四	一	五	八	七
六	七	五	九	二	八	三	四	一

1=一 2=二 3=三 4=四 5=五 6=六 7=七 8=八 9=九

Easy

	七			五	九	八		一
				四			三	五
	三		二					
		四			二	五	八	
三				八	五		六	九
一		八	九	六				四
二		一	六					
七					一	三		
	六				四	七	一	二

1=一 2=二 3=三 4=四 5=五 6=六 7=七 8=八 9=九

Solution

四	七	六	三	五	九	八	二	一
九	一	二	七	四	八	六	三	五
八	三	五	二	一	六	四	九	七
六	九	四	一	七	二	五	八	三
三	二	七	四	八	五	一	六	九
一	五	八	九	六	三	二	七	四
二	四	一	六	三	七	九	五	八
七	八	九	五	二	一	三	四	六
五	六	三	八	九	四	七	一	二

1=一 2=二 3=三 4=四 5=五 6=六 7=七 8=八 9=九

Easy

	二	九	四			一	五	
一					三			二
四			二	八				六
	四			六		七		三
		三	五		七	八		
八		二		九			一	
七				三	二			四
五			八					七
	八	六			五	三	九	

1=一 2=二 3=三 4=四 5=五 6=六 7=七 8=八 9=九

Solution

三	二	九	四	七	六	一	五	八
一	六	八	九	五	三	四	七	二
四	五	七	二	八	一	九	三	六
九	四	五	一	六	八	七	二	三
六	一	三	五	二	七	八	四	九
八	七	二	三	九	四	六	一	五
七	九	一	六	三	二	五	八	四
五	三	四	八	一	九	二	六	七
二	八	六	七	四	五	三	九	一

1=一 2=二 3=三 4=四 5=五 6=六 7=七 8=八 9=九

Easy

	五	八	九			三	一	
一			八			二		
		三		七	二		四	
三			六				八	九
		六		四		五		
四	七				九			二
	六		五	九		七		
		一			六			八
	二	九			八	六	三	

1=一 2=二 3=三 4=四 5=五 6=六 7=七 8=八 9=九

Solution

二	五	八	九	六	四	三	一	七
一	四	七	八	三	五	二	九	六
六	九	三	一	七	二	八	四	五
三	一	二	六	五	七	四	八	九
九	八	六	二	四	一	五	七	三
四	七	五	三	八	九	一	六	二
八	六	四	五	九	三	七	二	一
七	三	一	四	二	六	九	五	八
五	二	九	七	一	八	六	三	四

1=一 2=二 3=三 4=四 5=五 6=六 7=七 8=八 9=九

Easy

	九		二	八	四		五	
五		七	三			二	九	四
二				七		八		
		九	一		八		六	二
	一				三			八
		五	七	四				
					六	七		
六	二			一				三
三			四				八	五

1=一 2=二 3=三 4=四 5=五 6=六 7=七 8=八 9=九

Solution

一	九	六	二	八	四	三	五	七
五	八	七	三	六	一	二	九	四
二	四	三	九	七	五	八	一	六
七	三	九	一	五	八	四	六	二
四	一	二	六	九	三	五	七	八
八	六	五	七	四	二	一	三	九
九	五	四	八	三	六	七	二	一
六	二	八	五	一	七	九	四	三
三	七	一	四	二	九	六	八	五

1=一 2=二 3=三 4=四 5=五 6=六 7=七 8=八 9=九

Easy

	七	八				四		二
		二		六			五	一
一		三	四	二		九		七
九					一			三
		七					九	
	三		七		八	五	四	
		四			六	七		
八	五	九			三			
		六	一			八		九

1=一 2=二 3=三 4=四 5=五 6=六 7=七 8=八 9=九

Solution

五	七	八	三	一	九	四	六	二
四	九	二	八	六	七	三	五	一
一	六	三	四	二	五	九	八	七
九	八	五	六	四	一	二	七	三
六	四	七	五	三	二	一	九	八
二	三	一	七	九	八	五	四	六
三	一	四	九	八	六	七	二	五
八	五	九	二	七	三	六	一	四
七	二	六	一	五	四	八	三	九

1=一 2=二 3=三 4=四 5=五 6=六 7=七 8=八 9=九

Easy

三	七		九		一		二	
	五			八		三	九	
		一				六		
		二	八		五	四		
八		四				一		五
		五	六		三	九		
		九				七		三
	二	三		七			一	
	八		一		六		五	

1=一 2=二 3=三 4=四 5=五 6=六 7=七 8=八 9=九

Solution

三	七	八	九	六	一	五	二	四
二	五	六	七	八	四	三	九	一
九	四	一	三	五	二	六	七	八
六	九	二	八	一	五	四	三	七
八	三	四	二	九	七	一	六	五
七	一	五	六	四	三	九	八	二
一	六	九	五	二	八	七	四	三
五	二	三	四	七	九	八	一	六
四	八	七	一	三	六	二	五	九

1=一 2=二 3=三 4=四 5=五 6=六 7=七 8=八 9=九

Easy

九		五				一		二
	六	七		五		九		三
	三		四	九				
	二	九	三		五			
四					六		一	
三			八			五		
	八			六		二		四
	七	四			一			六
六		二		四		七	三	

1=一 2=二 3=三 4=四 5=五 6=六 7=七 8=八 9=九

Solution

九	四	五	六	八	三	一	七	二
八	六	七	一	五	二	九	四	三
二	三	一	四	九	七	六	八	五
七	二	九	三	一	五	四	六	八
四	五	八	九	二	六	三	一	七
三	一	六	八	七	四	五	二	三
一	八	三	七	六	九	二	五	四
五	七	四	二	三	二	八	九	六
六	九	二	五	四	八	七	三	一

1=一 2=二 3=三 4=四 5=五 6=六 7=七 8=八 9=九

Easy

	一		三			八	九	
三			二					四
五	八	四		一			六	
	二	六			五	九		
八			六		四			二
		五	七			三	八	
	七			八		五	二	一
四					二			
	九	一			三		七	

1=一 2=二 3=三 4=四 5=五 6=六 7=七 8=八 9=九

Solution

七	一	二	三	四	六	八	九	五
三	六	九	二	五	八	七	一	四
五	八	四	九	一	七	二	六	三
一	二	六	八	三	五	九	四	七
八	三	七	六	九	四	一	五	二
九	四	五	七	二	一	三	八	六
六	七	三	四	八	九	五	二	一
四	五	八	一	七	二	六	三	九
二	九	一	五	六	三	四	七	八

1=一 2=二 3=三 4=四 5=五 6=六 7=七 8=八 9=九

Easy

七	三		八				九	六
	五	九		四		一		
			一	三			二	
		七	二		五			三
八	九							四
六			四		八	五		
	一			八	四			
		二		七		六	四	
九	七				三		五	一

1=一 2=二 3=三 4=四 5=五 6=六 7=七 8=八 9=九

Solution

七	三	一	八	五	二	四	九	六
二	五	九	七	四	六	一	三	八
四	六	八	一	三	九	七	二	五
一	四	七	二	六	五	九	八	三
八	九	五	三	一	七	二	六	四
六	二	三	四	九	八	五	一	七
五	一	六	九	八	四	三	七	二
三	八	二	五	七	一	六	四	九
九	七	四	六	二	三	八	五	一

1=一 2=二 3=三 4=四 5=五 6=六 7=七 8=八 9=九

Easy

三			四			一		二
		九	一	五			六	
	二		九			四		七
			七			九		
六					八		七	
七	一	五		九		二		六
	四				三			九
二		一	五				三	
	八			四	一			五

1=一 2=二 3=三 4=四 5=五 6=六 7=七 8=八 9=九

Solution

三	五	六	四	八	七	一	九	二
四	七	九	一	五	二	三	六	八
一	二	八	九	三	六	四	五	七
八	三	二	七	六	五	九	四	一
六	九	四	二	一	八	五	七	三
七	一	五	三	九	四	二	八	六
五	四	七	八	二	三	六	一	九
二	六	一	五	七	九	八	三	四
九	八	三	六	四	一	七	二	五

1=一 2=二 3=三 4=四 5=五 6=六 7=七 8=八 9=九

Easy

		八	六		九	七		二
七	六						一	四
	二		四		七			
	三				四		六	
四		六		五		九		三
	一		九				五	
			三		五			
八	七						二	九
		二	七		八	三		

1=一 2=二 3=三 4=四 5=五 6=六 7=七 8=八 9=九

Solution

五	四	八	六	一	九	七	三	二
七	六	九	五	三	二	八	一	四
三	二	一	四	八	七	六	九	五
九	三	五	八	七	四	二	六	一
四	八	六	二	五	一	九	七	三
二	一	七	九	六	三	四	五	八
六	九	四	三	二	五	一	八	七
八	七	三	一	四	六	五	二	九
一	五	二	七	九	八	三	四	六

1=一 2=二 3=三 4=四 5=五 6=六 7=七 8=八 9=九

Easy

		八				七		
五			四		八		一	
					一		三	九
	一		九	七		四		二
七	二		六		四			
			二		五		七	三
				四		三		
六				三	九		二	
	五	九	一		七	六		八

1=一 2=二 3=三 4=四 5=五 6=六 7=七 8=八 9=九

Solution

一	九	八	三	六	二	七	五	四
五	三	七	四	九	八	二	一	六
四	六	二	七	五	一	八	三	九
八	一	五	九	七	三	四	六	二
七	二	三	六	一	四	九	八	五
九	四	六	二	八	五	一	七	三
二	八	一	五	四	六	三	九	七
六	七	四	八	三	九	五	二	一
三	五	九	一	二	七	六	四	八

1=一 2=二 3=三 4=四 5=五 6=六 7=七 8=八 9=九

Easy

			五	一		四	九	
九		七	二			一		
一	四			七			五	
			七		三		一	八
七		二				六		九
	八				六			
	三			六			四	五
		九			一	二		三
	六	五		八	二			

1=一 2=二 3=三 4=四 5=五 6=六 7=七 8=八 9=九

Solution

三	二	六	五	一	八	四	九	七
九	五	七	二	三	四	一	八	六
一	四	八	六	七	九	三	五	二
六	九	四	七	二	三	五	一	八
七	一	二	八	四	五	六	三	九
五	八	三	一	九	六	七	二	四
二	三	一	九	六	七	八	四	五
八	七	九	四	五	一	二	六	三
四	六	五	三	八	二	九	七	一

1=一 2=二 3=三 4=四 5=五 6=六 7=七 8=八 9=九

Easy

九	四				三	六		八
			二		八		五	一
	一			七			九	
			一			三	四	
四			八		九			五
	九	六				八		二
	七			四			八	
一	八		九		六			
五		三	七				二	四

1=一 2=二 3=三 4=四 5=五 6=六 7=七 8=八 9=九

Solution

九	四	二	五	一	三	六	七	八
六	三	七	二	九	八	四	五	一
八	一	五	六	七	四	二	九	三
七	五	八	一	六	二	三	四	九
四	二	一	八	三	九	七	六	五
三	九	六	四	五	七	八	一	二
二	七	九	三	四	五	一	八	六
一	八	四	九	二	六	五	三	七
五	六	三	七	八	一	九	二	四

1=一 2=二 3=三 4=四 5=五 6=六 7=七 8=八 9=九

Easy

二						七		六
	五	八		六		九	三	一
				七				
	六	七	三		四		五	
一		五				二		
	三		七		一		九	
	七		一	九				
	八	一		三		五	六	
三								七

1=一 2=二 3=三 4=四 5=五 6=六 7=七 8=八 9=九

Solution

二	九	四	五	一	三	七	八	六
七	五	八	四	六	二	九	三	一
六	一	三	八	七	九	四	二	五
九	六	七	三	二	四	一	五	八
一	四	五	九	八	六	二	七	三
八	三	二	七	五	一	六	九	四
五	七	六	一	九	八	三	四	二
四	八	一	二	三	七	五	六	九
三	二	九	六	四	五	八	一	七

1=一 2=二 3=三 4=四 5=五 6=六 7=七 8=八 9=九

Easy

		九		四	三	六	一	八
	三		五					
	一	七		二		四		
	七	二	九	六	五			四
			四		二		六	
一						二	九	
		八				五		六
七			八					二
	五	三		九	六			

1=一 2=二 3=三 4=四 5=五 6=六 7=七 8=八 9=九

Solution

五	二	九	七	四	三	六	一	八
六	三	四	五	八	一	七	二	九
八	一	七	六	二	九	四	五	三
三	七	二	九	六	五	一	八	四
九	八	五	四	一	二	三	六	七
一	四	六	三	七	八	二	九	五
二	九	八	一	三	七	五	四	六
七	六	一	八	五	四	九	三	二
四	五	三	二	九	六	八	七	一

1=一 2=二 3=三 4=四 5=五 6=六 7=七 8=八 9=九

Easy

		七	一		九			三
	一	五	二					
九	六				五		四	七
八						二	六	一
			七		四			
五	九	三				四		八
一	四		三				九	二
			九		二	八	三	
二			四		八	六		

1=一 2=二 3=三 4=四 5=五 6=六 7=七 8=八 9=九

Solution

四	八	七	一	六	九	五	二	三
三	一	五	二	四	七	九	八	六
九	六	二	八	三	五	一	四	七
八	七	四	五	九	三	二	六	一
六	二	一	七	八	四	三	五	九
五	九	三	六	二	一	四	七	八
一	四	八	三	五	六	七	九	二
七	五	六	九	一	二	八	三	四
二	三	九	四	七	八	六	一	五

1=一 2=二 3=三 4=四 5=五 6=六 7=七 8=八 9=九

Easy

	一		五				四	
		四				二		六
			八	一	四			五
一		五	四	八	七	六		
七	三		九		二			
	四	六				七	八	
		三			一	九		二
九				四				八
			七			一	三	

1=一 2=二 3=三 4=四 5=五 6=六 7=七 8=八 9=九

Solution

三	一	九	五	二	六	八	四	七
八	五	四	三	七	九	二	一	六
六	二	七	八	一	四	三	九	五
一	九	五	四	八	七	六	二	三
七	三	八	九	六	二	四	五	一
二	四	六	一	三	五	七	八	九
四	八	三	六	五	一	九	七	二
九	七	一	二	四	三	五	六	八
五	六	二	七	九	八	一	三	四

1=一 2=二 3=三 4=四 5=五 6=六 7=七 8=八 9=九

Easy

			六				五	
三	九			七				二
		六		八		一		九
九	六	一			七		三	
		八				七		
	三		八		一	五		六
	一			九		四		
四				一			六	八
	七			六	三			

1=一 2=二 3=三 4=四 5=五 6=六 7=七 8=八 9=九

Solution

一	八	四	六	二	九	三	五	七
三	九	五	一	七	四	六	八	二
七	二	六	三	八	五	一	四	九
九	六	一	二	五	七	八	三	四
五	四	八	九	三	六	七	二	一
二	三	七	八	四	一	五	九	六
六	一	二	五	九	八	四	七	三
四	五	三	七	一	二	九	六	八
八	七	九	四	六	三	二	一	五

1=一 2=二 3=三 4=四 5=五 6=六 7=七 8=八 9=九

Easy

		六	一				八	
二	七				四	三	五	
	三			五				六
六	二		八		五			四
		七				九		
四			七		二			八
三				七			六	
		八	五				七	一
	五		四		一	八		

1=一 2=二 3=三 4=四 5=五 6=六 7=七 8=八 9=九

Solution

五	四	六	一	三	九	二	八	七
二	七	一	六	八	四	三	五	九
八	三	九	二	五	七	一	四	六
六	二	三	八	九	五	七	一	四
一	八	七	三	四	六	九	二	五
四	九	五	七	一	二	六	三	八
三	一	四	九	七	八	五	六	二
九	六	八	五	二	三	四	七	一
七	五	二	四	六	一	八	九	三

1=一 2=二 3=三 4=四 5=五 6=六 7=七 8=八 9=九

Easy

	八		六				二	三
		九			三			
七			五	一		四		六
二		一			七			四
		五				七		
三			四	二		九		八
五		六		八	二	一		九
			七			三		
四	三				五		六	

1=一 2=二 3=三 4=四 5=五 6=六 7=七 8=八 9=九

Solution

一	八	四	六	七	九	五	二	三
六	五	九	二	四	三	八	七	一
七	二	三	五	一	八	四	九	六
二	九	一	八	五	七	六	三	四
八	四	五	九	三	六	七	一	二
三	六	七	四	二	一	九	五	八
五	七	六	三	八	二	一	四	九
九	一	二	七	六	四	三	八	五
四	三	八	一	九	五	二	六	七

1=一 2=二 3=三 4=四 5=五 6=六 7=七 8=八 9=九

Easy

	一				六	七	五	
	五		九	二	三	六		
		四		一				三
	二		三			一		七
		三			一	八		
	八			五				
二	六					五	四	
一	七	五	四	九			二	
				六				一

1=一 2=二 3=三 4=四 5=五 6=六 7=七 8=八 9=九

Solution

三	一	二	八	四	六	七	五	九
八	五	七	九	二	三	六	一	四
六	九	四	七	一	五	二	八	三
五	二	六	三	八	四	一	九	七
九	四	三	二	七	一	八	六	五
七	八	一	六	五	九	四	三	二
二	六	九	一	三	七	五	四	八
一	七	五	四	九	八	三	二	六
四	三	八	五	六	二	九	七	一

1=一 2=二 3=三 4=四 5=五 6=六 7=七 8=八 9=九

Easy

六		八			九	四	七	
九				八		二		六
		一	二					
		六		二	四			七
五					八	六	二	
		四		七			三	
	一	七		四				
		二			一	三	五	
	五		六		二		四	

1=一 2=二 3=三 4=四 5=五 6=六 7=七 8=八 9=九

Solution

六	二	八	一	五	九	四	七	三
九	三	五	四	八	七	二	一	六
七	四	一	二	六	三	八	九	五
一	九	六	三	二	四	五	八	七
五	七	三	九	一	八	六	二	四
二	八	四	五	七	六	一	三	九
三	一	七	八	四	五	九	六	二
四	六	二	七	九	一	三	五	八
八	五	九	六	三	二	七	四	一

1=一 2=二 3=三 4=四 5=五 6=六 7=七 8=八 9=九

Easy

五	三				二			九
七		二	六			一	三	
					三	八		
九		六		二	五			
		七			四	五		二
	五	四				六	八	
	二		三					六
八			四				一	
	九	三		一		四		

1=一 2=二 3=三 4=四 5=五 6=六 7=七 8=八 9=九

Solution

五	三	八	一	四	二	七	六	九
七	四	二	六	八	九	一	三	五
一	六	九	五	七	三	八	二	四
九	八	六	七	二	五	三	四	一
三	一	七	八	六	四	五	九	二
二	五	四	九	三	一	六	八	七
四	二	一	三	五	八	九	七	六
八	七	五	四	九	六	二	一	三
六	九	三	二	一	七	四	五	八

1=一 2=二 3=三 4=四 5=五 6=六 7=七 8=八 9=九

Moderate

								三
三	六	五				一		
八	二		一		四		五	
					五	四	二	
	四	一	二	九				七
	三				七		九	
二			七		三			六
四	一			八				
	八	六		五		二	三	四

1=一 2=二 3=三 4=四 5=五 6=六 7=七 8=八 9=九

Solution

一	九	四	五	二	六	七	八	三
三	六	五	八	七	九	一	四	二
八	二	七	一	三	四	六	五	九
九	七	八	三	六	五	四	二	一
五	四	一	二	九	八	三	六	七
六	三	二	四	一	七	五	九	八
二	五	九	七	四	三	八	一	六
四	一	三	六	八	二	九	七	五
七	八	六	九	五	一	二	三	四

1=一 2=二 3=三 4=四 5=五 6=六 7=七 8=八 9=九

Moderate

九					七	八	三	
		六	八					四
	二	五		六			一	
	一		三		八	五		
四		二		五				一
七						九		
	六	四		七			九	八
		三			二			
五			九			一		二

1=一 2=二 3=三 4=四 5=五 6=六 7=七 8=八 9=九

Solution

九	四	一	五	二	七	八	三	六
三	七	六	八	九	一	二	五	四
八	二	五	四	六	三	七	一	九
六	一	九	三	四	八	五	二	七
四	三	二	七	五	九	六	八	一
七	五	八	二	一	六	九	四	三
二	六	四	一	七	五	三	九	八
一	九	三	六	八	二	四	七	五
五	八	七	九	三	四	一	六	二

1=一 2=二 3=三 4=四 5=五 6=六 7=七 8=八 9=九

Moderate

					二	九	一	七
	七			九		五	二	
九	二		三		五			
	四	六					八	
五			六	一	八			
				三	四	六		一
		八						九
四			八		三	七		
			七	四	九		六	

1=一 2=二 3=三 4=四 5=五 6=六 7=七 8=八 9=九

Solution

六	三	五	四	八	二	九	一	七
八	七	四	一	九	六	五	二	三
九	二	一	三	七	五	八	四	六
一	四	六	九	二	七	三	八	五
五	九	三	六	一	八	二	七	四
二	八	七	五	三	四	六	九	一
七	六	八	二	五	一	四	三	九
四	一	九	八	六	三	七	五	二
三	五	二	七	四	九	一	六	八

1=一 2=二 3=三 4=四 5=五 6=六 7=七 8=八 9=九

Moderate

		九	二	三				四
	三		八		六	二		
			四					一
四	六		三		九			二
	五	一	六		七		九	
七		二				三	五	
二		五				八		七
	八			一				
	四		五		八	一	二	

1=一 2=二 3=三 4=四 5=五 6=六 7=七 8=八 9=九

Solution

五	七	九	二	三	一	六	八	四
一	三	四	八	九	六	二	七	五
八	二	六	四	七	五	九	三	一
四	六	八	三	五	九	七	一	二
三	五	一	六	二	七	四	九	八
七	九	二	一	八	四	三	五	六
二	一	五	九	四	三	八	六	七
六	八	三	七	一	二	五	四	九
九	四	七	五	六	八	一	二	三

1=一 2=二 3=三 4=四 5=五 6=六 7=七 8=八 9=九

Moderate

					七	二		
七		三			五		八	
五			二	六		四		三
八		七		一			六	
	六		五		四		一	
				二		七		四
六		一		四	二			九
	五		六		三			七
		八	九					

1=一 2=二 3=三 4=四 5=五 6=六 7=七 8=八 9=九

Solution

四	八	六	一	三	七	二	九	五
七	二	三	四	九	五	六	八	一
五	一	九	二	六	八	四	七	三
八	四	七	三	一	九	五	六	二
三	六	二	五	七	四	九	一	八
一	九	五	八	二	六	七	三	四
六	三	一	七	四	二	八	五	九
九	五	四	六	八	三	一	二	七
二	七	八	九	五	一	三	四	六

1=一 2=二 3=三 4=四 5=五 6=六 7=七 8=八 9=九

Moderate

四			三	一			二	八
	八		五					三
		五					六	
一	二						四	
				五			七	
六		七			八	九		
	三	六	一		九			
				八		三	一	六
五		二			六		八	

1=一 2=二 3=三 4=四 5=五 6=六 7=七 8=八 9=九

Solution

四	六	九	三	一	七	五	二	八
二	八	一	五	六	四	七	九	三
三	七	五	八	九	二	一	六	四
一	二	八	九	七	三	六	四	五
九	四	三	六	五	一	八	七	二
六	五	七	四	二	八	九	三	一
八	三	六	一	四	九	二	五	七
七	九	四	二	八	五	三	一	六
五	一	二	七	三	六	四	八	九

1=一 2=二 3=三 4=四 5=五 6=六 7=七 8=八 9=九

Moderate

				四			二	一
		五	三			四		
	六	七		一			五	
		三	四		五	一		六
	五	四		八		九		
		六						
	四	九	二		一	三		八
七						五		
六		二		五		七		四

1=一 2=二 3=三 4=四 5=五 6=六 7=七 8=八 9=九

Solution

三	九	八	五	四	七	六	二	一
一	二	五	三	六	八	四	七	九
四	六	七	九	一	二	八	五	三
九	七	三	四	二	五	一	八	六
二	五	四	一	八	六	九	三	七
八	一	六	七	九	三	二	四	五
五	四	九	二	七	一	三	六	八
七	八	一	六	三	四	五	九	二
六	三	二	八	五	九	七	一	四

1=一 2=二 3=三 4=四 5=五 6=六 7=七 8=八 9=九

Moderate

一		三		六		九		
	八				九			六
	二		八			五	一	
	七		五	三			八	
三								五
	九			一	四		六	
	四				五		二	
五		八	六					一
		七		四		八		三

1=一 2=二 3=三 4=四 5=五 6=六 7=七 8=八 9=九

Solution

一	五	三	四	六	二	九	七	八
七	八	四	一	五	九	二	三	六
六	二	九	八	七	三	五	一	四
四	七	二	五	三	六	一	八	九
三	一	六	二	九	八	七	四	五
八	九	五	七	一	四	三	六	二
九	四	一	三	八	五	六	二	七
五	三	八	六	二	七	四	九	一
二	六	七	九	四	一	八	五	三

1=一 2=二 3=三 4=四 5=五 6=六 7=七 8=八 9=九

Moderate

一	二			四			八	
	九					三		
	七		八		一		五	九
		八	七	一			三	四
四					六			二
	一					五		
五	六		二		四		一	
		三					九	
九	八			六			四	七

1=一 2=二 3=三 4=四 5=五 6=六 7=七 8=八 9=九

Solution

一	二	五	九	四	三	七	八	六
八	九	四	六	五	七	三	二	一
三	七	六	八	二	一	四	五	九
六	五	八	七	一	二	九	三	四
四	三	九	五	八	六	一	七	二
七	一	二	四	三	九	五	六	八
五	六	七	二	九	四	八	一	三
二	四	三	一	七	八	六	九	五
九	八	一	三	六	五	二	四	七

1=一 2=二 3=三 4=四 5=五 6=六 7=七 8=八 9=九

Moderate

			五	二		三	四	
九								一
二	四	一						
		六	三					
			二		八	五		
	二	五		六			九	四
	七		九	八	六			
八			七				六	五
	一	二		五				八

1=一 2=二 3=三 4=四 5=五 6=六 7=七 8=八 9=九

Solution

七	六	八	五	二	一	三	四	九
九	五	三	六	七	四	二	八	一
二	四	一	八	三	九	六	五	七
四	八	六	三	九	五	七	一	二
一	九	七	二	四	八	五	三	六
三	二	五	一	六	七	八	九	四
五	七	四	九	八	六	一	二	三
八	三	九	七	一	二	四	六	五
六	一	二	四	五	三	九	七	八

1=一 2=二 3=三 4=四 5=五 6=六 7=七 8=八 9=九

Moderate

二	一				五			八
七			八	二		三	六	
	六				九			
四			五			二		
三		六			八		四	
九				三		六		七
六				一	七		三	二
	三	九				一		
	七		四			九		

1=一 2=二 3=三 4=四 5=五 6=六 7=七 8=八 9=九

Solution

二	一	三	七	六	五	四	九	八
七	九	四	八	二	一	三	六	五
五	六	八	三	四	九	七	二	一
四	八	七	五	九	六	二	一	三
三	二	六	一	七	八	五	四	九
九	五	一	二	三	四	六	八	七
六	四	五	九	一	七	八	三	二
八	三	九	六	五	二	一	七	四
一	七	二	四	八	三	九	五	六

1=一 2=二 3=三 4=四 5=五 6=六 7=七 8=八 9=九

Moderate

三	九			八				
	八			一	四			
	六	一	七			五		四
	二			七		一		
			三		八		九	二
		九						六
		七	八		三		五	
五	三				七		六	
六			四		五			九

1=一 2=二 3=三 4=四 5=五 6=六 7=七 8=八 9=九

Solution

三	九	四	五	八	二	六	一	七
七	八	五	六	一	四	九	二	三
二	六	一	七	三	九	五	八	四
八	二	三	九	七	六	一	四	五
一	五	六	三	四	八	七	九	二
四	七	九	二	五	一	八	三	六
九	四	七	八	六	三	二	五	一
五	三	二	一	九	七	四	六	八
六	一	八	四	二	五	三	七	九

1=一 2=二 3=三 4=四 5=五 6=六 7=七 8=八 9=九

Moderate

八	二				七		五	
	九		六				八	
	六			九	五	四		二
九		六		一			四	
	七		四		二	九		
一								六
	八		三		四		二	一
				八			九	
二	五			七	一	三		

1=一 2=二 3=三 4=四 5=五 6=六 7=七 8=八 9=九

Solution

八	二	三	一	四	七	六	五	九
四	九	五	六	二	三	一	八	七
七	六	一	八	九	五	四	三	二
九	三	六	七	一	八	二	四	五
五	七	八	四	六	二	九	一	三
一	四	二	五	三	九	八	七	六
六	八	九	三	五	四	七	二	一
三	一	七	二	八	六	五	九	四
二	五	四	九	七	一	三	六	八

1=一 2=二 3=三 4=四 5=五 6=六 7=七 8=八 9=九

Moderate

九			二				三	
	八			九		七		一
		五	七		三	六		
	三					五	七	
六		四	三		八			二
			九				八	
	一			二		三		五
四						一		
		八	四	六			九	

1=一 2=二 3=三 4=四 5=五 6=六 7=七 8=八 9=九

Solution

九	六	七	二	一	五	八	三	四
二	八	三	六	九	四	七	五	一
一	四	五	七	八	三	六	二	九
八	三	九	一	四	二	五	七	六
六	七	四	三	五	八	九	一	二
五	二	一	九	七	六	四	八	三
七	一	六	八	二	九	三	四	五
四	九	二	五	三	七	一	六	八
三	五	八	四	六	一	二	九	七

1=一 2=二 3=三 4=四 5=五 6=六 7=七 8=八 9=九

Moderate

一			九		四		六	
七	四				八			五
		二		五		一	四	
九		七			五			
		八		四		二		
四			二			六		七
	一			七		八		
二			四				三	
	八		六		二			一

1=一 2=二 3=三 4=四 5=五 6=六 7=七 8=八 9=九

Solution

一	三	五	九	二	四	七	六	八
七	四	六	三	一	八	九	二	五
八	九	二	七	五	六	一	四	三
九	二	七	八	六	五	三	一	四
三	六	八	一	四	七	二	五	九
四	五	一	二	三	九	六	八	七
六	一	四	五	七	三	八	九	二
二	七	九	四	八	一	五	三	六
五	八	三	六	九	二	四	七	一

1=一 2=二 3=三 4=四 5=五 6=六 7=七 8=八 9=九

Moderate

	九			二	一		七	六
			五			三		
七	八				四		二	
	五	七			二	四		三
	六				五			
二		三	九	八				五
		一					六	四
八		九	四		六			一
	三		七			九		

1=一 2=二 3=三 4=四 5=五 6=六 7=七 8=八 9=九

Solution

三	九	四	八	二	一	五	七	六
六	一	二	五	七	九	三	四	八
七	八	五	六	三	四	一	二	九
九	五	七	一	六	二	四	八	三
一	六	八	三	四	五	二	九	七
二	四	三	九	八	七	六	一	五
五	七	一	二	九	三	八	六	四
八	二	九	四	五	六	七	三	一
四	三	六	七	一	八	九	五	二

1=一 2=二 3=三 4=四 5=五 6=六 7=七 8=八 9=九

Moderate

		四		七		二		
六		三	五		四			一
	九				一		三	六
	一					三	七	二
			九		三			
五		二						
八			一				四	
二			六		七	八		五
		六		四		一		

1=一 2=二 3=三 4=四 5=五 6=六 7=七 8=八 9=九

Solution

一	八	四	三	七	六	二	五	九
六	二	三	五	九	四	七	八	一
七	九	五	二	八	一	四	三	六
九	一	八	四	六	五	三	七	二
四	六	七	九	二	三	五	一	八
五	三	二	七	一	八	九	六	四
八	七	九	一	五	二	六	四	三
二	四	一	六	三	七	八	九	五
三	五	六	八	四	九	一	二	七

1=一 2=二 3=三 4=四 5=五 6=六 7=七 8=八 9=九

Moderate

五		一	八	六			二	
		六			二	九		五
		三						一
	七	四		一		八		二
八					六	七		九
	二			七				
		七	六	四		二		
四	三					五	九	
		八		九	五	四	三	

1=一 2=二 3=三 4=四 5=五 6=六 7=七 8=八 9=九

Solution

五	九	一	八	六	七	三	二	四
七	四	六	一	三	二	九	八	五
二	八	三	九	五	四	六	七	一
三	七	四	五	一	九	八	六	二
八	一	五	三	二	六	七	四	九
六	二	九	四	七	八	一	五	三
九	五	七	六	四	三	二	一	八
四	三	二	七	八	一	五	九	六
一	六	八	二	九	五	四	三	七

1=一 2=二 3=三 4=四 5=五 6=六 7=七 8=八 9=九

Moderate

		二		八	五			
	三				六	八		七
		五	四	一		三		
三			六				七	二
		九				一		八
	五				八			四
				二	一			
九		一					四	
	七		九	五		二		

1=一 2=二 3=三 4=四 5=五 6=六 7=七 8=八 9=九

Solution

七	九	二	三	八	五	四	六	一
一	三	四	二	九	六	八	五	七
六	八	五	四	一	七	三	二	九
三	一	八	六	四	九	五	七	二
四	六	九	五	七	二	一	三	八
二	五	七	一	三	八	六	九	四
五	四	六	七	二	一	九	八	三
九	二	一	八	六	三	七	四	五
八	七	三	九	五	四	二	一	六

1=一 2=二 3=三 4=四 5=五 6=六 7=七 8=八 9=九

Moderate

	三	八		四		六		
	一			五				二
九					六			
一		四	九			七		六
			五		七			
二		七			三	一		八
			八	七				九
六				三			四	
		五		九		二	一	

1=一 2=二 3=三 4=四 5=五 6=六 7=七 8=八 9=九

Solution

五	三	八	七	四	二	六	九	一
七	一	六	三	五	九	四	八	二
九	四	二	一	八	六	五	七	三
一	五	四	九	二	八	七	三	六
八	六	三	五	一	七	九	二	四
二	九	七	四	六	三	一	五	八
四	二	一	八	七	五	三	六	九
六	七	九	二	三	一	八	四	五
三	八	五	六	九	四	二	一	七

1=一 2=二 3=三 4=四 5=五 6=六 7=七 8=八 9=九

Difficult

	八		七	二		一		
		四					二	
	三			八		七		
	六			九		五		
		一			三	九		四
二		九					六	一
五		七	六		四			八
三	四		五					
			九	七		四		

1=一 2=二 3=三 4=四 5=五 6=六 7=七 8=八 9=九

Solution

九	八	五	七	二	六	一	四	三
七	一	四	三	五	九	八	二	六
六	三	二	四	八	一	七	五	九
四	六	三	一	九	七	五	八	二
八	五	一	二	六	三	九	七	四
二	七	九	八	四	五	三	六	一
五	九	七	六	三	四	二	一	八
三	四	八	五	一	二	六	九	七
一	二	六	九	七	八	四	三	五

1=一 2=二 3=三 4=四 5=五 6=六 7=七 8=八 9=九

Difficult

五				一		九		
	八	六	二					三
一				八	三		四	
	九					八	七	
三				七	二			
		一			五			九
		四	六	二				七
	三	七				六	八	四
八			四				九	

1=一 2=二 3=三 4=四 5=五 6=六 7=七 8=八 9=九

Solution

五	四	三	七	一	六	九	二	八
七	八	六	二	九	四	五	一	三
一	二	九	五	八	三	七	四	六
六	九	二	三	四	一	八	七	五
三	五	八	九	七	二	四	六	一
四	七	一	八	六	五	二	三	九
九	一	四	六	二	八	三	五	七
二	三	七	一	五	九	六	八	四
八	六	五	四	三	七	一	九	二

1=一 2=二 3=三 4=四 5=五 6=六 7=七 8=八 9=九

Difficult

	一	六	二	五			九	
					四	六		
		二	八	七	六			
一				四			三	
八	六		三	二		一	五	
			一			七		九
四	七			三				二
	三		四	八				
	五	一					四	

1=一 2=二 3=三 4=四 5=五 6=六 7=七 8=八 9=九

Solution

七	一	六	二	五	三	四	九	八
五	八	三	九	一	四	六	二	九
九	四	二	八	七	六	三	一	五
一	九	五	七	四	八	二	三	六
八	六	七	三	二	九	一	五	四
三	二	四	一	六	五	七	八	九
四	七	八	五	三	一	九	六	二
六	三	九	四	八	二	五	七	一
二	五	一	六	九	七	八	四	三

1=一 2=二 3=三 4=四 5=五 6=六 7=七 8=八 9=九

Difficult

三				六	五	八		
	六	一	七					
					八	一		三
四		五				二	七	
	九	七		一		三	八	
						六		
	四		二		七		三	
		二		九			四	六
九			三			五	一	

1=一 2=二 3=三 4=四 5=五 6=六 7=七 8=八 9=九

Solution

三	二	四	一	六	五	八	九	七
八	六	一	七	三	九	四	二	五
七	五	九	四	二	八	一	六	三
四	一	五	六	八	三	二	七	九
六	九	七	五	一	二	三	八	四
二	八	三	九	七	四	六	五	一
一	四	六	二	五	七	九	三	八
五	三	二	八	九	一	七	四	六
九	七	八	三	四	六	五	一	二

1=一 2=二 3=三 4=四 5=五 6=六 7=七 8=八 9=九

Difficult

五							四	一
七		二			六	八		
	一			四	八		七	
	七	三		一				八
			二		七			
		四		三		五	二	
	三		五				九	
		一	八			三		四
四	二							六

1=一 2=二 3=三 4=四 5=五 6=六 7=七 8=八 9=九

Solution

五	九	八	七	二	三	六	四	一
七	四	二	一	五	六	八	三	九
三	一	六	九	四	八	二	七	五
二	七	三	四	一	五	九	六	八
六	五	九	二	八	七	四	一	三
一	八	四	六	三	九	五	二	七
八	三	七	五	六	四	一	九	二
九	六	一	八	七	二	三	五	四
四	二	五	三	九	一	七	八	六

1=一 2=二 3=三 4=四 5=五 6=六 7=七 8=八 9=九

Difficult

	三			四			九	
七		五			六			二
	二				九		八	
	八	三	九		五			
二								一
			七		四	八	三	
	六		四				一	
四		八	二			三		九
	一			三			七	

1=一 2=二 3=三 4=四 5=五 6=六 7=七 8=八 9=九

Solution

八	三	六	一	四	二	七	九	五
七	九	五	三	八	六	一	四	二
一	二	四	五	七	九	六	八	三
六	八	三	九	一	五	四	二	七
二	四	七	八	六	三	九	五	一
九	五	一	七	二	四	八	三	六
三	六	二	四	九	七	五	一	八
四	七	八	二	五	一	三	六	九
五	一	九	六	三	八	二	七	四

1=一 2=二 3=三 4=四 5=五 6=六 7=七 8=八 9=九

Difficult

六				三			五	
		二				三	六	
四			八		一	七		
八				二				七
	四	一			七	八		
七		九	六					四
		六					四	九
九				八	二			
五	一			九				三

1=一 2=二 3=三 4=四 5=五 6=六 7=七 8=八 9=九

Solution

六	七	八	二	三	九	四	五	一
一	九	二	七	四	五	三	六	八
四	五	三	八	六	一	七	九	二
八	六	五	三	二	四	九	一	七
三	四	一	九	五	七	八	二	六
七	二	九	六	一	八	五	三	四
二	八	六	五	七	三	一	四	九
九	三	四	一	八	二	六	七	五
五	一	七	四	九	六	二	八	三

1=一 2=二 3=三 4=四 5=五 6=六 7=七 8=八 9=九

Difficult

六			一		九			四
			八	六	二			
	三						六	
三		四				五		二
五			四		八			一
一		八				九		七
	七						九	
			九	八	三			
九		六	五		七	八		三

1=一 2=二 3=三 4=四 5=五 6=六 7=七 8=八 9=九

Solution

六	八	五	一	三	九	二	七	四
七	四	一	八	六	二	三	五	九
二	三	九	七	五	四	一	六	八
三	九	四	六	七	一	五	八	二
五	二	七	四	九	八	六	三	一
一	六	八	三	二	五	九	四	七
八	七	三	二	一	六	四	九	五
四	五	二	九	八	三	七	一	六
九	一	六	五	四	七	八	二	三

1=一 2=二 3=三 4=四 5=五 6=六 7=七 8=八 9=九

Difficult

		五			四	九		
	三			九				
四				七	八		一	
六						八		
		八				一	六	三
	五	三			二			
			七	八		三	九	
			二	四			五	
二	六			一				七

1=一 2=二 3=三 4=四 5=五 6=六 7=七 8=八 9=九

Solution

七	一	五	六	二	四	九	三	八
八	三	六	一	九	五	二	七	四
四	九	二	三	七	八	五	一	六
六	七	四	九	三	一	八	二	五
九	二	八	四	五	七	一	六	三
一	五	三	八	六	二	七	四	九
五	四	一	七	八	六	三	九	二
三	八	七	二	四	九	六	五	一
二	六	九	五	一	三	四	八	七

1=一 2=二 3=三 4=四 5=五 6=六 7=七 8=八 9=九

Difficult

二					四			六
三	四			八			九	
					六	四		
八					三	六		四
七								三
一		三	八		五			二
		七	三			二		
	二			一			三	八
九			七					一

1=一 2=二 3=三 4=四 5=五 6=六 7=七 8=八 9=九

Solution

二	七	一	五	九	四	三	八	六
三	四	六	二	八	七	一	九	五
五	八	九	一	三	六	四	二	七
八	五	二	九	七	三	六	一	四
七	九	四	六	二	一	八	五	三
一	六	三	八	四	五	九	七	二
四	一	七	三	五	八	二	六	九
六	二	五	四	一	九	七	三	八
九	三	八	七	六	二	五	四	一

1=一 2=二 3=三 4=四 5=五 6=六 7=七 8=八 9=九

Difficult

八			一					三
					九		二	
三		五		四	八	九		
			八	六			七	
	九		三				六	
七		三	九		四			二
二	五				三	四	八	
								七
		一	七					

1=一 2=二 3=三 4=四 5=五 6=六 7=七 8=八 9=九

Solution

八	二	九	一	七	六	五	四	三
六	一	四	五	三	九	七	二	八
三	七	五	二	四	八	九	一	六
一	四	二	八	六	五	三	七	九
五	九	八	三	二	七	一	六	四
七	六	三	九	一	四	八	五	二
二	五	七	六	九	三	四	八	一
九	八	六	四	五	一	二	三	七
四	三	一	七	八	二	六	九	五

1=一 2=二 3=三 4=四 5=五 6=六 7=七 8=八 9=九

Difficult

	八				三	六	五	
	九			七	二			三
四		五	一					
	七			五				四
	二						一	
五				三	四		七	
					五	八		二
二			七	六			九	
一		八	三				四	

1=一 2=二 3=三 4=四 5=五 6=六 7=七 8=八 9=九

Solution

七	八	二	九	四	三	六	五	一
六	九	一	五	七	二	四	八	三
四	三	五	一	八	六	九	二	七
八	七	九	二	五	一	三	六	四
三	二	四	六	九	七	五	一	八
五	一	六	八	三	四	二	七	九
九	六	七	四	一	五	八	三	二
二	四	三	七	六	八	一	九	五
一	五	八	三	二	九	七	四	六

1=一 2=二 3=三 4=四 5=五 6=六 7=七 8=八 9=九

Difficult

四					八	七		
		六	三					
	九				七		四	六
				一				
三		八	五	六		一		
	六					三	二	
二				五		六		
		一			二	四		七
九			七					八

1=一 2=二 3=三 4=四 5=五 6=六 7=七 8=八 9=九

Solution

四	五	二	六	九	八	七	三	一
七	一	六	三	四	五	九	八	二
八	九	三	一	二	七	五	四	六
五	七	四	二	一	三	八	六	九
三	二	八	五	六	九	一	七	四
一	六	九	八	七	四	三	二	五
二	八	七	四	五	一	六	九	三
六	三	一	九	八	二	四	五	七
九	四	五	七	三	六	二	一	八

1=一 2=二 3=三 4=四 5=五 6=六 7=七 8=八 9=九

Difficult

	九		四		三			八
				八	九	六		
三		六	二					四
					六		二	七
六		九				三		五
七	三		五					
八					五	四		
			三	二				
五					七		六	九

1=一 2=二 3=三 4=四 5=五 6=六 7=七 8=八 9=九

Solution

一	九	七	四	六	三	二	五	八
二	四	五	七	八	九	六	一	三
三	八	六	二	五	一	七	九	四
四	五	八	九	三	六	一	二	七
六	一	九	八	七	二	三	四	五
七	三	二	五	一	四	九	八	六
八	七	一	六	九	五	四	三	二
九	六	四	三	二	八	五	七	一
五	二	三	一	四	七	八	六	九

1=一 2=二 3=三 4=四 5=五 6=六 7=七 8=八 9=九

Difficult

			六		三		七	
八		九						四
	七	二		一		五	九	
	二		八		五		三	
四			七		一			六
	一		二		九		四	
	九	四				六	五	
一								七
			三		六			

1=一 2=二 3=三 4=四 5=五 6=六 7=七 8=八 9=九

Solution

五	四	一	六	九	三	二	七	八
八	三	九	五	七	二	一	六	四
六	七	二	四	一	八	五	九	三
九	二	六	八	四	五	七	三	一
四	五	八	七	三	一	九	二	六
七	一	三	二	六	九	八	四	五
三	九	四	一	八	七	六	五	二
一	六	五	九	二	四	三	八	七
二	八	七	三	五	六	四	一	九

1=一 2=二 3=三 4=四 5=五 6=六 7=七 8=八 9=九

Difficult

	七				八	二	一	
三	八				九		五	七
二								
九	六		七		四			五
一			八		三		九	四
								一
七	九		三		五		六	二
	二	五	一				八	

1=一 2=二 3=三 4=四 5=五 6=六 7=七 8=八 9=九

Solution

五	七	六	四	三	八	二	一	九
三	八	四	二	一	九	六	五	七
二	一	九	五	七	六	三	四	八
九	六	八	七	二	四	一	三	五
四	三	七	九	五	一	八	二	六
一	五	二	八	六	三	七	九	四
八	四	三	六	九	二	五	七	一
七	九	一	三	八	五	四	六	二
六	二	五	一	四	七	九	八	三

1=一 2=二 3=三 4=四 5=五 6=六 7=七 8=八 9=九

Difficult

四		二					三	
			一					二
		八	六	三			五	
				五			八	六
	一	三		二		五	九	
二	八			九				
	五			六	七	四		
					四	九		
九	二		五					八

1=一 2=二 3=三 4=四 5=五 6=六 7=七 8=八 9=九

Solution

六	八	九	五	三	一	四	二	七
三	七	二	九	六	四	一	五	八
五	一	四	八	二	七	六	三	九
八	二	一	三	四	九	五	七	六
七	九	三	一	五	六	二	八	四
四	六	五	二	七	八	三	九	一
二	四	七	六	八	三	九	一	五
九	五	六	七	一	二	八	四	三
一	三	八	四	九	五	七	六	二

1=一 2=二 3=三 4=四 5=五 6=六 7=七 8=八 9=九

Difficult

一		六		四		七		二
二	七						四	三
			二		三			
			五		二			
	二	四				九	八	
三			一		四			
			八		七			
四	九						七	五
七		三				二		八

1=一 2=二 3=三 4=四 5=五 6=六 7=七 8=八 9=九

Solution

一	三	六	九	四	八	七	五	二
二	七	九	六	一	五	八	四	三
八	四	五	二	七	三	一	六	九
九	六	一	五	八	二	四	三	七
五	二	四	七	三	六	九	八	一
三	八	七	一	九	四	五	二	六
六	一	二	八	五	七	三	九	四
四	九	八	三	二	一	六	七	五
七	五	三	四	六	九	二	一	八

1=一 2=二 3=三 4=四 5=五 6=六 7=七 8=八 9=九

Difficult

		五	九		八	三		六
三		二	五					
一		九					八	
	五				一			
				七		六		五
七			八				三	
	四					八		九
					三	一		四
六		八	七		四	二		

1=一 2=二 3=三 4=四 5=五 6=六 7=七 8=八 9=九

Solution

四	七	五	九	二	八	三	一	六
三	八	二	五	一	六	九	四	七
一	六	九	三	四	七	五	八	二
九	五	四	六	三	一	七	二	八
八	三	一	四	七	二	六	九	五
七	二	六	八	五	九	四	三	一
二	四	三	一	六	五	八	七	九
五	九	七	二	八	三	一	六	四
六	一	八	七	九	四	二	五	三

1=一 2=二 3=三 4=四 5=五 6=六 7=七 8=八 9=九

Difficult

		六		八		一		
	七			九			三	
八		五				四		九
九			五		六			三
		二						
七			九		一			八
一		三				六		七
				四			九	
		九		一		三		

1=一 2=二 3=三 4=四 5=五 6=六 7=七 8=八 9=九

Solution

四	九	六	七	八	三	一	五	二
二	七	一	四	九	五	八	三	六
八	三	五	一	六	二	四	七	九
九	一	八	五	二	六	七	四	三
三	六	二	八	七	四	九	一	五
七	五	四	九	三	一	二	六	八
一	四	三	二	五	九	六	八	七
六	二	七	三	四	八	五	九	一
五	八	九	六	一	七	三	二	四

1=一 2=二 3=三 4=四 5=五 6=六 7=七 8=八 9=九

Difficult

	五						九	
二			三	四		八		六
							五	二
			四			一		九
		四	九	七	六	三		
八		三			一			
四	三				二		七	
九		七		一	三	二		
	一						三	

1=一 2=二 3=三 4=四 5=五 6=六 7=七 8=八 9=九

Solution

六	五	八	一	二	七	四	九	三
二	七	九	三	四	五	八	一	六
三	四	一	六	八	九	七	五	二
七	六	五	四	三	八	一	二	九
一	二	四	九	七	六	三	八	五
八	九	三	二	五	一	六	四	七
四	三	六	八	九	二	五	七	一
九	八	七	五	一	三	二	六	四
五	一	二	七	六	四	九	三	八

1=一 2=二 3=三 4=四 5=五 6=六 7=七 8=八 9=九

Difficult

	七	四			五		三	
九			四					
	八		七		六		一	九
					九	七	六	
		三	六					
	四	一		三				五
	五		三		四		二	
一							八	
		二	八	九		五		

1=一 2=二 3=三 4=四 5=五 6=六 7=七 8=八 9=九

Solution

二	七	四	九	一	五	六	三	八
九	一	六	四	八	三	二	五	七
三	八	五	七	二	六	四	一	九
五	二	八	一	四	九	七	六	三
七	九	三	六	五	八	一	四	二
六	四	一	二	三	七	八	九	五
八	五	七	三	六	四	九	二	一
一	六	九	五	七	二	三	八	四
四	三	二	八	九	一	五	七	六

1=一 2=二 3=三 4=四 5=五 6=六 7=七 8=八 9=九

Difficult

	三		二		六	九		
		九			一			三
八				四			七	
	五			一				七
		八	四		二	六		
六				五			四	
	一			二				五
三			一			七		
		六			七		三	

1=一 2=二 3=三 4=四 5=五 6=六 7=七 8=八 9=九

Solution

四	三	五	二	七	六	九	一	八
七	六	九	五	八	一	四	二	三
八	二	一	九	四	三	五	七	六
二	五	四	六	一	九	三	八	七
一	七	八	四	三	二	六	五	九
六	九	三	七	五	八	二	四	一
九	一	七	三	二	四	八	六	五
三	八	二	一	六	五	七	九	四
五	四	六	八	九	七	一	三	二

1=一 2=二 3=三 4=四 5=五 6=六 7=七 8=八 9=九

Difficult

			五					九
八				七			三	
四		七				八		
二	四	三	九		八			七
一								三
九			六			一	四	二
		四		九		七		一
	二			三				四
五					六			

1=一 2=二 3=三 4=四 5=五 6=六 7=七 8=八 9=九

Solution

六	三	一	五	八	四	二	七	九
八	五	二	一	七	九	四	三	六
四	九	七	三	六	二	八	一	五
二	四	三	九	一	八	六	五	七
一	六	五	四	二	七	九	八	三
九	七	八	六	五	三	一	四	二
三	八	四	二	九	五	七	六	一
七	二	六	八	三	一	五	九	四
五	一	九	七	四	六	三	二	八

1=一 2=二 3=三 4=四 5=五 6=六 7=七 8=八 9=九

Difficult

	一		四				七	
				八	七			
四	八					六		一
	六			五				四
		八	二		一			
五				六		九	一	
三		九		七			二	八
			三	一				
	七				四		五	

1=一 2=二 3=三 4=四 5=五 6=六 7=七 8=八 9=九

Solution

九	一	二	四	三	六	八	七	五
六	三	五	一	八	七	四	九	二
四	八	七	五	九	二	六	三	一
一	六	三	七	五	九	二	八	四
七	九	八	二	四	一	五	六	三
五	二	四	八	六	三	九	一	七
三	四	九	六	七	五	一	二	八
二	五	六	三	一	八	七	四	九
八	七	一	九	二	四	三	五	六

1=一 2=二 3=三 4=四 5=五 6=六 7=七 8=八 9=九

Difficult

四	五			七		八		
七			五		九			二
							三	
	六			三		一		
二				九			七	
一	三		八					六
		六		四		七	五	八
	九		三					一
八					五	四		

1=一 2=二 3=三 4=四 5=五 6=六 7=七 8=八 9=九

Solution

四	五	二	六	七	三	八	一	九
七	八	三	五	一	九	六	四	二
六	一	九	四	二	八	五	三	七
九	六	五	七	三	二	一	八	四
二	四	八	一	九	六	三	七	五
一	三	七	八	五	四	九	二	六
三	二	六	九	四	一	七	五	八
五	九	四	三	八	七	二	六	一
八	七	一	二	六	五	四	九	三

1=一 2=二 3=三 4=四 5=五 6=六 7=七 8=八 9=九

Difficult

	七			四	二	一		
	三		六					七
	五			八		四		
				六			四	一
	六	七				二	九	
八	四			二				
		五		九			一	
九					四		三	
	一		三				二	

1=一 2=二 3=三 4=四 5=五 6=六 7=七 8=八 9=九

Solution

六	七	八	九	四	二	一	五	三
四	三	二	六	一	五	九	八	七
一	五	九	七	八	三	四	六	二
二	九	三	八	六	七	五	四	一
五	六	七	四	三	一	二	九	八
八	四	一	五	二	九	三	七	六
三	八	五	二	九	六	七	一	四
九	二	六	一	七	四	八	三	五
七	一	四	三	五	八	六	二	九

1=一 2=二 3=三 4=四 5=五 6=六 7=七 8=八 9=九

Difficult

	八		三		二		六	
		二				四		
四			七		一			
三			八		五			四
	一	七				八	三	
八			二		三			七
二			一		七			
		九				五		
	七		四		九		一	

1=一 2=二 3=三 4=四 5=五 6=六 7=七 8=八 9=九

Solution

九	八	一	三	四	二	七	六	五
七	三	二	五	九	六	四	八	一
四	六	五	七	八	一	三	二	九
三	二	六	八	七	五	一	九	四
五	一	七	九	六	四	八	三	二
八	九	四	二	一	三	六	五	七
二	五	八	一	三	七	九	四	六
一	四	九	六	二	八	五	七	三
六	七	三	四	五	九	二	一	八

1=一 2=二 3=三 4=四 5=五 6=六 7=七 8=八 9=九

Difficult

二				九				六
一					七		四	
		四		一		三		八
					九	五		一
八			五				二	
四	七			八				
	三		一		五	四		
七		二		四				五
		九				六		

1=一 2=二 3=三 4=四 5=五 6=六 7=七 8=八 9=九

Solution

二	八	七	三	九	四	一	五	六
一	六	三	八	五	七	二	四	九
九	五	四	六	一	二	三	七	八
三	二	六	四	七	九	五	八	一
八	九	一	五	六	三	七	二	四
四	七	五	二	八	一	九	六	三
六	三	八	一	二	五	四	九	七
七	一	二	九	四	六	八	三	五
五	四	九	七	三	八	六	一	二

1=一 2=二 3=三 4=四 5=五 6=六 7=七 8=八 9=九

Difficult

四						七		
		八	七				三	二
		六	一	三				九
	一			五		二		
		五			九			八
八			三		一			六
	九							七
			二			四	五	
一	二			四	六	九		

1=一 2=二 3=三 4=四 5=五 6=六 7=七 8=八 9=九

Solution

四	三	一	九	八	二	七	六	五
九	五	八	七	六	四	一	三	二
二	七	六	一	三	五	八	四	九
三	一	九	六	五	八	二	七	四
七	六	五	四	二	九	三	一	八
八	四	二	三	七	一	五	九	六
五	九	四	八	一	三	六	二	七
六	八	三	二	九	七	四	五	一
一	二	七	五	四	六	九	八	三

1=一 2=二 3=三 4=四 5=五 6=六 7=七 8=八 9=九

Difficult

六	五				一			
		八				七		
	七		五			一		九
	九	一	二	五	八		三	
			四				二	
	八	六			七			
	一		六			九		
		三		七			六	
		二			四			三

1=一 2=二 3=三 4=四 5=五 6=六 7=七 8=八 9=九

Solution

六	五	九	七	八	一	三	四	二
一	二	八	九	四	三	七	五	六
三	七	四	五	二	六	一	八	九
四	九	一	二	五	八	六	三	七
五	三	七	四	六	九	八	二	一
二	八	六	三	一	七	四	九	五
八	一	五	六	三	二	九	七	四
九	四	三	一	七	五	二	六	八
七	六	二	八	九	四	五	一	三

1=一	2=二	3=三	4=四	5=五	6=六	7=七	8=八	9=九

Difficult

六					四			八
三		二		五		七		
			七				三	
	六	五		二	八			四
七								九
二			九	四			五	
	二				六	三		
		三		九		八		七
	七		一					五

1=一 2=二 3=三 4=四 5=五 6=六 7=七 8=八 9=九

Solution

六	九	七	二	三	四	五	一	八
三	四	二	八	五	一	七	九	六
一	五	八	七	六	九	四	三	二
九	六	五	三	二	八	一	七	四
七	三	四	六	一	五	二	八	九
二	八	一	九	四	七	六	五	三
八	二	九	五	七	六	三	四	一
五	一	三	四	九	二	八	六	七
四	七	六	一	八	三	九	二	五

1=一 2=二 3=三 4=四 5=五 6=六 7=七 8=八 9=九

Difficult

		四		五	八	二		三
						六		
	九	一		二				七
二	七	六			五			八
				八				
八			一			三	六	五
				四		五	七	
		七						
六		二	五	九				

1=一 2=二 3=三 4=四 5=五 6=六 7=七 8=八 9=九

Solution

七	六	四	九	五	八	二	一	三
三	二	八	七	一	四	六	五	九
五	九	一	三	二	六	四	八	七
二	七	六	四	三	五	一	九	八
一	三	五	六	八	九	七	四	二
八	四	九	一	七	二	三	六	五
九	八	三	二	四	一	五	七	六
四	五	七	八	六	三	九	二	一
六	一	二	五	九	七	八	三	四

1=一 2=二 3=三 4=四 5=五 6=六 7=七 8=八 9=九

Difficult

三	五			六			八	
			二					三
六					九			一
七		五	四					
			七		三	八		九
		四					七	
		二			一	六		
	一		六	二	四			七
五	七						二	

1=一 2=二 3=三 4=四 5=五 6=六 7=七 8=八 9=九

Solution

三	五	九	一	六	七	四	八	二
一	四	七	二	八	五	九	六	三
六	二	八	三	四	九	七	五	一
七	八	五	四	九	二	三	一	六
二	六	一	七	五	三	八	四	九
九	三	四	八	一	六	二	七	五
四	九	二	五	七	一	六	三	八
八	一	三	六	二	四	五	九	七
五	七	六	九	三	八	一	二	四

1=一 2=二 3=三 4=四 5=五 6=六 7=七 8=八 9=九

Difficult

六		八	五		九			三
			一			六		
	一		三				二	
	四				二			九
	八	一				五	六	
三			八				四	
	三				八			
		九			一			
八			七		四	一		二

1=一 2=二 3=三 4=四 5=五 6=六 7=七 8=八 9=九

Difficult

六	二	八	五	四	九	七	一	三
九	五	三	一	二	七	六	八	四
七	一	四	三	八	六	九	二	五
五	四	七	六	一	二	八	三	九
二	八	一	四	九	三	五	六	七
三	九	六	八	七	五	二	四	一
一	三	二	九	五	八	四	七	六
四	七	九	二	六	一	三	五	八
八	六	五	七	三	四	一	九	二

1=一 2=二 3=三 4=四 5=五 6=六 7=七 8=八 9=九

Difficult

	二	三			七	一		八
			二					
六				五		四		
					九			三
二			一		八	九		
		八		六			七	
七		五		九	一		三	
			四	八				五
	九			七				四

1=一 2=二 3=三 4=四 5=五 6=六 7=七 8=八 9=九

Solution

五	二	三	九	四	七	一	六	八
四	八	九	二	一	六	三	五	七
六	七	一	八	五	三	四	二	九
一	六	四	七	二	九	五	八	三
二	五	七	一	三	八	九	四	六
九	三	八	五	六	四	二	七	一
七	四	五	六	九	一	八	三	二
三	一	六	四	八	二	七	九	五
八	九	二	三	七	五	六	一	四

1=一 2=二 3=三 4=四 5=五 6=六 7=七 8=八 9=九

Difficult

	九			三		六	一	
	七				四	二		
	二		五		八			九
			一			五		
		七	八	二				四
五	三							
			九	五				二
	六	一				四		
八			二				六	

1=一 2=二 3=三 4=四 5=五 6=六 7=七 8=八 9=九

Solution

四	九	五	七	三	二	六	一	八
一	七	八	六	九	四	二	五	三
三	二	六	五	一	八	七	四	九
九	八	四	一	七	三	五	二	六
六	一	七	八	二	五	九	三	四
五	三	二	四	六	九	八	七	一
七	四	三	九	五	六	一	八	二
二	六	一	三	八	七	四	九	五
八	五	九	二	四	一	三	六	七

1=一 2=二 3=三 4=四 5=五 6=六 7=七 8=八 9=九

Difficult

		一		七	八		六	
		八		四				五
	九		三			四		
	四		八				七	
五			七		三	二		
		九	五					六
三		七	四				九	二
				一		六		
	一				二			

1=一 2=二 3=三 4=四 5=五 6=六 7=七 8=八 9=九

Solution

四	五	一	二	七	八	九	六	三
六	三	八	一	四	九	七	二	五
七	九	二	三	五	六	四	一	八
二	四	三	八	六	一	五	七	九
五	八	六	七	九	三	二	四	一
一	七	九	五	二	四	三	八	六
三	六	七	四	八	五	一	九	二
八	二	五	九	一	七	六	三	四
九	一	四	六	三	二	八	五	七

1=一 2=二 3=三 4=四 5=五 6=六 7=七 8=八 9=九

Difficult

九		六	一				五	
					九	三		
一				二	六			七
			九				一	五
六		二			三			
				六			九	
七	五		二			一		
四					五			八
二		八	三				四	

1=一 2=二 3=三 4=四 5=五 6=六 7=七 8=八 9=九

Solution

九	七	六	一	三	八	四	五	二
八	二	四	七	五	九	三	六	一
一	三	五	四	二	六	九	八	七
三	八	七	九	四	二	六	一	五
六	九	二	五	一	三	八	七	四
五	四	一	八	六	七	二	九	三
七	五	九	二	八	四	一	三	六
四	一	三	六	九	五	七	二	八
二	六	八	三	七	一	五	四	九

1=一 2=二 3=三 4=四 5=五 6=六 7=七 8=八 9=九

Challenging

六			一		七		九	
四		二		六			三	
七					九			五
		五			六	四		
九			三		一			八
		一	二					
五								六
	三			八				七
	八		七	四	三			九

1=一 2=二 3=三 4=四 5=五 6=六 7=七 8=八 9=九

Solution

六	五	三	一	二	七	八	九	四
四	九	二	五	六	八	七	三	一
七	一	八	四	三	九	六	二	五
三	七	五	八	九	六	四	一	二
九	二	四	三	七	一	五	六	八
八	六	一	二	五	四	九	七	三
五	四	七	九	一	二	三	八	六
一	三	九	六	八	五	二	四	七
二	八	六	七	四	三	一	五	九

1=一 2=二 3=三 4=四 5=五 6=六 7=七 8=八 9=九

Challenging

五	七						四	一
						七		
	一			二	六			
	二	六			三		一	七
				五				
七	四		一			九	六	
			二	七			九	
		三						
四	八				九		五	二

1=一 2=二 3=三 4=四 5=五 6=六 7=七 8=八 9=九

Solution

五	七	二	九	三	八	六	四	一
三	六	八	五	四	一	七	二	九
九	一	四	七	二	六	八	三	五
八	二	六	四	九	三	五	一	七
一	三	九	六	五	七	二	八	四
七	四	五	一	八	二	九	六	三
六	五	一	二	七	四	三	九	八
二	九	三	八	一	五	四	七	六
四	八	七	三	六	九	一	五	二

1=一 2=二 3=三 4=四 5=五 6=六 7=七 8=八 9=九

Challenging

一								四
			四				三	
	四	七		一			五	
八			二		三	六		七
		一						八
二	九			七				
七			九					六
		三			六	五		
四		五			八		九	

1=一 2=二 3=三 4=四 5=五 6=六 7=七 8=八 9=九

Solution

一	三	九	五	八	七	二	六	四
五	二	八	四	六	九	七	三	一
六	四	七	三	一	二	八	五	九
八	五	四	二	九	三	六	一	七
三	七	一	六	五	四	九	二	八
二	九	六	八	七	一	三	四	五
七	一	二	九	三	五	四	八	六
九	八	三	一	四	六	五	七	二
四	六	五	七	二	八	一	九	三

1=一 2=二 3=三 4=四 5=五 6=六 7=七 8=八 9=九

Challenging

四		三				六		一
			五	七	一			
八								二
三				五				六
	九		八		四		二	
二				三				八
九								四
			九	四	五			
五		八				一		九

1=一 2=二 3=三 4=四 5=五 6=六 7=七 8=八 9=九

Solution

四	五	三	二	九	八	六	七	一
六	二	九	五	七	一	四	八	三
八	七	一	四	六	三	五	九	二
三	八	四	七	五	二	九	一	六
七	九	六	八	一	四	三	二	五
二	一	五	六	三	九	七	四	八
九	三	七	一	八	六	二	五	四
一	六	二	九	四	五	八	三	七
五	四	八	三	二	七	一	六	九

1=一 2=二 3=三 4=四 5=五 6=六 7=七 8=八 9=九

Challenging

七		八	九					五
		二			五		七	
		六				二		
	九			一		四	六	
			二					
	一	七		三			九	
					七	九		
	二		四			三		
五		四			二	六		八

1=一 2=二 3=三 4=四 5=五 6=六 7=七 8=八 9=九

Solution

七	四	八	九	二	六	一	三	五
九	三	二	一	四	五	八	七	六
一	五	六	八	七	三	二	四	九
二	九	五	七	一	八	四	六	三
四	六	三	二	五	九	七	八	一
八	一	七	六	三	四	五	九	二
三	八	一	五	六	七	九	二	四
六	二	九	四	八	一	三	五	七
五	七	四	三	九	二	六	一	八

1=一 2=二 3=三 4=四 5=五 6=六 7=七 8=八 9=九

Challenging

			二	七		一		
	二						六	
	七	六		三		二		九
二					三	四		
		三		八		五		
		七	五					八
一		五		四			八	
	九						一	
		四		六	九			

1=一 2=二 3=三 4=四 5=五 6=六 7=七 8=八 9=九

Solution

四	八	九	二	七	六	一	三	五
三	二	一	四	九	五	八	六	七
五	七	六	八	三	一	二	四	九
二	五	八	九	一	三	四	七	六
九	四	三	六	八	七	五	二	一
六	一	七	五	二	四	三	九	八
一	六	五	七	四	二	九	八	三
七	九	二	三	五	八	六	一	四
八	三	四	一	六	九	七	五	二

1=一 2=二 3=三 4=四 5=五 6=六 7=七 8=八 9=九

Challenging

					六			一
三					四		二	
	九	七		三		六		四
		八	六					三
			三	二	九			
二					八	一		
		五		一		七	四	
	一		四					六
九			五					

1=一 2=二 3=三 4=四 5=五 6=六 7=七 8=八 9=九

Solution

八	四	二	九	七	六	五	三	一
三	五	六	一	八	四	九	二	七
一	九	七	二	三	五	六	八	四
四	七	八	六	五	一	二	九	三
五	六	一	三	二	九	四	七	八
二	三	九	七	四	八	一	六	五
六	二	五	八	一	三	七	四	九
七	一	三	四	九	二	八	五	六
九	八	四	五	六	七	三	一	二

1=一 2=二 3=三 4=四 5=五 6=六 7=七 8=八 9=九

Challenging

		八				四		
二			三	一			七	
	六		八		九			
八		一					四	
三			五		六			九
	四					七		三
	二		一		八		三	
				六	七			二
		七				八		

1=一 2=二 3=三 4=四 5=五 6=六 7=七 8=八 9=九

Solution

七	三	八	六	二	五	四	九	一
二	九	五	三	一	四	六	七	八
一	六	四	八	七	九	三	二	五
八	五	一	七	九	三	二	四	六
三	七	二	五	四	六	一	八	九
六	四	九	二	八	一	七	五	三
四	二	六	一	五	八	九	三	七
九	八	三	四	六	七	五	一	二
五	一	七	九	三	二	八	六	四

1=一	2=二	3=三	4=四	5=五	6=六	7=七	8=八	9=九

Challenging

一					七	五	三	
	三				二			六
		五						
				九				八
七		六			八		四	
二	四		七				九	五
		四	九	一				三
	八					一		
五		二		四				

1=一 2=二 3=三 4=四 5=五 6=六 7=七 8=八 9=九

Solution

一	六	九	四	八	七	五	三	二
四	三	七	一	五	二	九	八	六
八	二	五	三	六	九	四	一	七
三	五	一	六	九	四	二	七	八
七	九	六	五	二	八	三	四	一
二	四	八	七	三	一	六	九	五
六	七	四	九	一	五	八	二	三
九	八	三	二	七	六	一	五	四
五	一	二	八	四	三	七	六	九

1=一 2=二 3=三 4=四 5=五 6=六 7=七 8=八 9=九

Challenging

一						四	九	五
九					四		三	
		三	八					
八							七	
	九			六	二		一	
	六	四						
	四	一	五			七		
	三				八	五		六
		五		二	九			

1=一 2=二 3=三 4=四 5=五 6=六 7=七 8=八 9=九

Solution

一	二	八	六	七	三	四	九	五
九	七	六	二	五	四	一	三	八
四	五	三	八	九	一	二	六	七
八	一	二	九	四	五	六	七	三
五	九	七	三	六	二	八	一	四
三	六	四	一	八	七	九	五	二
二	四	一	五	三	六	七	八	九
七	三	九	四	一	八	五	二	六
六	八	五	七	二	九	三	四	一

Made in United States
Cleveland, OH
05 November 2026

47664311R00140